MARQUIS DE SALISBURY,

PREMIER MINISTRE D'ANGLETERRE.

LES LIMITES ACTUELLES

DE

NOTRE SCIENCE

DISCOURS PRÉSIDENTIEL

PRONONCÉ LE 8 AOUT 1894

Devant la *British Association*, dans sa session d'Oxford.

TRADUIT

Par M. W. DE FONVIELLE

Avec l'autorisation de l'Auteur.

PARIS,

GAUTHIER-VILLARS ET FILS, IMPRIMEURS-LIBRAIRES

DU BUREAU DES LONGITUDES, DE L'ÉCOLE POLYTECHNIQUE,

Quai des Grands-Augustins, 55.

1895

LES LIMITES ACTUELLES

DE

NOTRE SCIENCE.

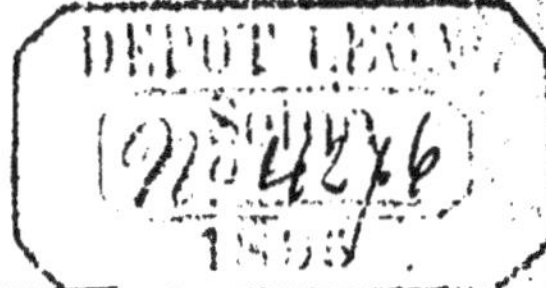

MARQUIS DE SALISBURY,

PREMIER MINISTRE D'ANGLETERRE.

LES LIMITES ACTUELLES

DE

NOTRE SCIENCE

DISCOURS PRÉSIDENTIEL

PRONONCÉ LE 8 AOUT 1894

Devant la *British Association*, dans sa session d'Oxford.

TRADUIT

Par M. W. DE FONVIELLE

Avec l'autorisation de l'Auteur.

PARIS,

GAUTHIER-VILLARS ET FILS, IMPRIMEURS-LIBRAIRES

DU BUREAU DES LONGITUDES, DE L'ÉCOLE POLYTECHNIQUE,

Quai des Grands-Augustins, 55.

1895

4869 B. — Paris, Imp. Gauthier-Villars et fils, 55, quai des Gr.-Augustins.

PRÉFACE DU TRADUCTEUR.

Le discours de l'éminent homme d'État qui est actuellement à la tête du gouvernement britannique, et qui vient d'obtenir un succès sans précédent dans les annales parlementaires du Royaume-Uni, a été prononcé le 8 août dernier, en inaugurant les travaux de la soixante-quatrième session de l'Association Britannique, la quatrième tenue à Oxford.

La première fois que l'Association vint à Oxford, ce fut en 1832, sous la présidence du Révérend Buckland ('), géologue alors célèbre, mais à peu près oublié de nos jours. A

(') Né en 1784, Buckland était professeur de Géologie à Oxford, et chanoine de Westminster. En 1813, il publia un traité intitulé *Reliquiæ Diluvianæ*, ou observations sur des restes organiques destinés à prouver l'universalité du déluge. Ce traité lui valut la médaille Copley,

cette époque] voisine de sa création, qui eut lieu en 1831, l'Association tenait à se rapprocher de la grande institution théologique autant que scientifique qui veillait avec un soin, peut-être alors un peu trop jaloux, à l'intégrité de la foi anglicane.

Aucun incident ne troubla les rapports de l'Association naissante et des autorités académiques ou religieuses.

L'Association revint à Oxford quinze ans plus tard. En 1847, elle fut présidée par sir Henry Inglis baronet (¹), une notabilité parle-

---

de la Société Royale, à laquelle il appartint plus tard. Quatre ans après sa présidence d'Oxford, il publia un traité faisant partie de la collection Bridgewater dans le même but. Mais des découvertes récentes ayant modifié l'opinion scientifique, le Révérend Buckland se rendit de bonne grâce, et, dans la seconde partie de sa carrière, il publia des Ouvrages contredisant ceux qu'il avait publiés dans la première.

(¹) M. Inglis était alors l'un des deux représentants de l'Université d'Oxford à la Chambre des Communes. Oxford n'est pas la seule Université à jouir de ce privilège. Dublin et Cambridge en ont deux. Londres, Edimbourg et Glasgow n'en ont qu'un seul. M. Inglis était le fils d'un ancien président de la Compagnie des Indes orientales, qui fut longtemps représentant de l'Université d'Oxford. Il a voté contre toutes les mesures tendant à retirer à la Chambre des Communes son caractère orthodoxe. C'est

mentaire qui était un des représentants de l'Université à la Chambre des Communes, où elle possède deux sièges.

Mais, cette fois, comme le discours du marquis de Salisbury nous l'apprendra, les docteurs et les théologiens avaient pris l'alarme, et la sympathie pour l'Association était loin d'être aussi grande qu'en 1832.

L'Association revint treize ans après, à Oxford à la fin du mois de juin 1860. Lord Wrotesley ([1]), membre de la Chambre haute, était assis au fauteuil, où il remplaçait le prince

---

en 1847 que M. Gladstone entra au Parlement; il était alors député d'Oxford, et il le resta jusqu'en 1865. Mais alors le *grand oldman* n'avait point accompli son évolution, et rien ne pouvait faire deviner qu'il soutiendrait le home rule et deviendrait adversaire de la Chambre des Lords.

On peut dire que les représentants de l'Université d'Oxford ont toujours appartenu au parti conservateur. Il est à remarquer que les neuf membres universitaires étaient déjà unionnistes dans la Chambre précédente, où les séparatistes gladstoniens avaient pourtant la majorité. Cette fois tous les *neuf* ont été nommés sans opposition, et par conséquent proclamés d'emblée sans aucun scrutin.

([1]) Lord Wrotesley, ancien élève de Christ-College, fut nommé à plusieurs reprises président de la Société Royale. En 1842, il éleva un observatoire dans sa résidence, et pendant six années essaya de déterminer des parallaxes d'étoiles, à l'aide de mesures prises avec beaucoup de soin.

Albert, qui avait présidé la session de 1859.
C'était un savant paisible et estimé de tous les
inventeurs, un esprit conciliant, cherchant à
apaiser tous les orages. Cependant un conflit
éclata avec violence, et se prolongea même
pendant plusieurs sessions consécutives.

La tempête oratoire s'étant uniquement élevée à propos de la question darwinienne, le
marquis de Salisbury s'est exprimé à ce sujet
d'une façon assez explicite pour qu'il n'y ait
pas lieu d'entrer en ce moment dans des détails autres que ceux qui accompagneront son
discours. Il est cependant essentiel de rappeler
que l'homme qui, en 1860, porta la parole en
faveur de Darwin, n'était autre que M. Huxley,
un des princes de la Science universelle, qui
se trouvait à côté de l'éloquent Président du
meeting de 1894, et qui l'écoutait attentive-
ment avec l'intention de présenter des arguments pour la défense de ses opinions invété-
rées.

Quoiqu'ayant déjà un pied dans la tombe, cet
homme célèbre avait conservé toute l'ardeur
des convictions de sa jeunesse. Il n'oubliait

pas que le résumé des séances de l'Association Britannique lui avait fourni la matière de son plus bel Ouvrage : *La place que l'homme occupe dans la nature.*

La réponse qu'il improvisa et que nous reproduisons, montre que son esprit n'avait rien perdu de sa vivacité ni de sa profondeur, que son éloquence n'avait point souffert de ses douleurs physiques.

Ce « chant du cygne », car Huxley n'a plus parlé en public, a inspiré une belle page à un rédacteur de *Nature*, le journal scientifique le plus répandu des deux hémisphères, et le principal organe du Darwinisme. Nous tirerons parti de ce curieux morceau dû à un savant qui a eu l'heureuse fortune d'assister à deux séances importantes ayant lieu dans des circonstances analogues, à trente-quatre années de distance.

Mais nous ferons remarquer que tout en contredisant une portion des conclusions du discours, l'illustre Huxley donnait raison par son attitude politique à la Philosophie dont le marquis de Salisbury s'est inspiré en traçant les limites actuelles de la Science. En effet, malgré les divergences d'opinion sur le Darwinisme qui le séparaient du chef du parti conservateur, Huxley n'en était pas moins un des coopérateurs les plus ardents de son action sur les affaires publiques.

Nous en dirons autant de sir John Lubbock, dont Huxley invoque l'autorité dans sa réplique. Ce savant, si connu en France par ses admirables expériences sur les insectes, et par ses publications dans la *Bibliothèque scientifique internationale*, n'en est pas moins un des chefs de la section unionniste, c'est-à-dire des libéraux ralliés aux torys pour combattre le home rule d'Irlande. Il était, lui aussi, venu sur la plate-forme du Sheldon Theatre, apporter à l'orateur dont il était loin de partager les convictions, en Zoologie, le poids de son importance personnelle.

Ces exemples mémorables montrent que les opinions scientifiques n'ont point d'influence sur les questions de conscience individuelle, et que, seuls, des fanatiques peuvent chercher à faire de découvertes matérielles des armes pour le parti qu'ils compromettent souvent beaucoup plus qu'ils ne le défendent.

Il ne faut pas croire non plus que les inventions surprenantes qui se succèdent avec tant de rapidité depuis le commencement du siècle soient solidaires de la manière dont on les interprète. Les faits nouveaux, constatés bien des fois par des gens illettrés, favorisés par le hasard, et ne se rendant aucun compte de l'importance des résultats qu'ils signalaient, sont le patrimoine commun de l'humanité et augmentent forcément le bonheur de la race entière. Quant aux explications théoriques dont on les accompagne, elles n'ont toujours qu'une valeur secondaire et essentiellement transitoire; souvent même elles ne sont que ridicules, nuisibles, ou dangereuses. Ce sont les hommes qui parlent au nom de la Science qui peuvent faire faillite ou même banqueroute frauduleuse. Quant à la Science, elle est infaillible, *infaillitable*. Elle n'a jamais trompé et ne trompera jamais les espérances de personne. Ce n'est pas non plus se montrer irrévérencieux envers elle, comme l'a montré M. Balfour, un membre du cabinet Salisbury, qui s'occupe également avec succès de l'étude des questions philosophiques, que d'appliquer le doute cartésien à l'examen de théories que le vulgaire croit le plus solides, et qui trop souvent ne sont que des colosses de bronze aux pieds d'argile. Jamais l'Église scientifique ne parviendra à rédiger son symbole de Nicée ou ses articles de la Confession d'Oxford.

Lord Salisbury n'était pas seulement président de l'Association Britannique, il est de plus chancelier de l'Université d'Oxford, où il a fait ses études, et dont il représente très bien les aspirations actuelles. Il a très habilement tiré parti de cette heureuse coïncidence pour planer plus haut que la plupart des présidents, qui se bornent à retracer, sous une forme digne d'une occasion solennelle, une partie de l'histoire scientifique contemporaine, et qui peignent d'une façon plus ou moins heureuse, plus ou moins éloquente, les progrès accomplis dans une branche particulière.

Débutant avec une modestie spirituelle et ingénieuse, lord Salisbury s'est élevé en quelque sorte au-dessus des Sciences qui préoccupent le plus en ce moment l'esprit moderne pour délimiter les frontières du savoir humain à l'époque actuelle, et peut-être indiquer des bornes que notre intelligence ne saurait franchir, aussi longtemps qu'elle sera servie par des organes matériels. Il semble que l'orateur s'est inspiré, sans le dire, de la sagesse antique représentant la déesse de la Nature sous les traits d'une femme enveloppée par une étoffe légère laissant deviner des formes charmantes, et placée sur un socle où la main d'un artiste inspiré avait écrit ces mots : *Nul mortel ne soulèvera le voile qui me recouvre.* On peut encore dire que lord Salisbury a rédigé, avec un talent digne de sa réputation de grand orateur, un Chapitre de ce qu'Arago appelait l'*Encyclopédie de l'Ignorance,* encyclopédie beaucoup plus riche, beaucoup plus instructive, aimait-il à le répéter, que celle de la Science.

Déjà, le 8 août 1890, il était facile de prévoir que l'orateur serait prochainement appelé à prendre la direction des affaires publiques, dans des conditions exceptionnelles, et que le gouvernement gladstonien qui se débattait ne tarderait pas à laisser tomber de ses mains le fardeau du pouvoir. Mais il était difficile de deviner l'étendue du succès que la patience et l'esprit de méthode ont permis aux unionnistes de remporter au mois de juillet dernier.

Cette *adresse* (que l'on nous permette de nous servir de la locution anglaise, qui n'a guère d'équivalent dans notre langue) était en réalité un vrai discours-ministre destiné à indiquer la politique scientifique et philosophique du futur gouvernement de l'Empire britannique. C'était donc une manifestation de la plus haute importance, et d'autant plus intéressante, que lord Salisbury a consacré une partie de sa vie à l'étude, non des Sciences proprement dites, mais à la Philosophie, qui, quoi qu'on en dise, est et sera toujours la Science des sciences. Ne pourrait-on point ajouter que son intervention devient de plus en plus nécessaire, à mesure que les découvertes brillantes se multiplient, et que leur éclat prête davantage à des illusions dangereuses.

Aussitôt qu'il a été prononcé, le discours de

lord Salisbury a produit en Angleterre et en Amérique une impression profonde, et il est à présumer qu'il n'est point étranger au succès inespéré qui couronne en ce moment l'action politique de l'auteur. L'opinion de la partie progressiste de la population s'est rassurée en voyant avec quelle sérénité le chef du parti conservateur envisage les conséquences du développement des théories scientifiques les plus hardies. On a compris, dans toutes les classes de la population, ce que l'on pouvait espérer d'un penseur, dont la parole était capable de tracer un tableau si lucide de l'état où se trouve l'analyse de problèmes si complexes. En effet, ne doit-on pas supposer que ces éminentes facultés, appliquées à la gestion des affaires d'un grand empire en rapport avec tous les peuples civilisés des deux hémisphères, découvriront des solutions pratiques de nature à concilier tous les intérêts légitimes sans renouveler le spectacle hideux des guerres qui ont épouvanté le monde il y a un quart de siècle.

De notre côté du détroit, on n'a point prêté à cette grande manifestation une attention suffisante. On peut même dire qu'on ne lui a pas fait un accueil en rapport avec son mérite littéraire et surtout scientifique, dans le sens le plus exact du mot. On n'était point préparé, sans doute, à voir la Philosophie réclamer d'une façon modeste et modérée, mais avec une noble insistance, le droit d'examiner les conquêtes des différentes spécialités au nom de la raison pure, et de défendre la liberté de l'esprit contre les conséquences illégitimes que l'on voudrait tirer du progrès technique dans le domaine de la conscience humaine.

Dans les circonstances actuelles, il nous a paru qu'il était indispensable de mettre sous les yeux de nos concitoyens un document parlé qui vient de recevoir de la part d'une grande nation une consécration éclatante. C'est ce qui nous a déterminé à proposer à MM. Gauthier-Villars et Fils de faire figurer ce discours dans la collection des *Actualités scientifiques*, où l'on trouve déjà, sous le titre de *Bilan de la Science anglaise*, les comptes rendus de deux sessions importantes, celle de Norwich, présidée en 1868 par le naturaliste Hooker, et celle d'Exeter, présidée en 1869 par le physicien Stokes.

Mais, sans diminuer le mérite des travaux intéressants dont le résumé remplit un énorme volume de plus de 800 pages grand in-8°, imprimé en petit texte, nous avons pensé que de la session d'Oxford il ne fallait retenir que le discours présidentiel. En effet, les longs mois qui se sont écoulés depuis lors, et qui ont accru la valeur des paroles prononcées par lord Salisbury, ont diminué l'intérêt qu'il y aurait à étudier en détail, comme l'a fait l'abbé Moigno, l'ensemble des Mémoires scientifiques apportés au Congrès par une foule d'auteurs. Les découvertes qui excitaient la curiosité au mois d'août 1894 sont complétées par d'autres dont l'éclat les fait pâlir. Ainsi l'introduction de l'Argon, qui a si justement préoccupé l'attention du monde savant depuis lors, formera le principal attrait de la session d'Ipswich. Si quelques mots ont semblé indiquer, dans ce volume de la session d'Oxford, que l'on était à la veille d'une addition si considérable à notre Science, ce n'est pas seulement dans le compte rendu si bien rédigé de la section de Chimie qu'il convient de les chercher, mais il faut surtout analyser à ce point de vue spécial le discours qui est sorti de la bouche du premier ministre de la reine d'Angleterre !

Nous avons supposé qu'il ne serait pas possible de publier notre traduction sans l'accompagner de quelques courtes notes, indispensables pour guider les lecteurs insuffisamment initiés tant aux habitudes anglaises qu'à l'histoire des Sciences de l'autre côté du détroit où elles ne sont pas cultivées plus activement qu'en France, mais où elles le sont d'une façon plus retentissante. En effet, les chercheurs n'attendent point le secours de l'État pour réaliser leurs expériences, et n'attribuent point à son tribunal scientifique une sorte d'infaillibilité dogmatique.

Nous nous sommes acquitté de ce travail avec d'autant plus de zèle et de soin, que les opinions émises par le marquis de Salisbury se trouvent, que l'on nous permette de le dire pour rendre hommage à la vérité, fort voisines de celles que nous avons exprimées nous-même à différentes reprises dans diverses publications, qui n'ont point obtenu assez de succès pour que l'Auteur en ait pris connaissance(¹).

Mais, dans l'humble sphère où nous nous mouvons, notre esprit est arrivé à la connaissance de ces vérités d'une façon plus pénible. Nous n'avons pu atteindre ces grandes hauteurs où l'on peut jeter sur l'ensemble du mouvement scientifique un regard pareil à celui de l'aéronaute ayant traversé la mer des nuages. Nous n'avons pu, nous le confessons volontiers, arriver à cette puissance de pensée et de style, qui fait du travail que nous mettons en français une œuvre aussi remarquable au point de vue philosophique qu'au point de vue littéraire.

L'analogie générale de nos convictions personnelles avec celles que le marquis de Salisbury a si bien exprimées, est pour le lecteur une garantie que nous donnerons un démenti au célèbre proverbe

Traduttore traditore

(¹) Nous demanderons la permission de citer *le Monde des atomes,* publié en 1885 dans la *Bibliothèque des Merveilles* que dirigeait alors feu le sénateur Charton.

et que la pensée de l'orateur sera exprimée en français avec autant d'exactitude qu'elle l'a été au mois d'août dernier dans sa langue maternelle.

Les raisonnements de l'orateur sont d'une netteté et d'une simplicité si grandes, que nous n'avons point éprouvé la moindre peine à les formuler dans la langue de Cousin, de M. Jules Simon et de M. Barthélemy Saint-Hilaire, en respectant les plus délicates nuances. Mais il n'en a point été de même lorsqu'il s'est agi d'imiter l'art avec lequel le marquis de Salisbury a choisi ses mots, tourné ses phrases, et composé ses figures. En effet, pour essayer de produire des effets analogues à ceux qu'il a obtenus, nous avons été obligé de tenir compte du génie littéraire de notre nation, et de nous préoccuper des règles de l'euphonie française. Il nous a semblé qu'il fallait que le discours d'Oxford pût être entendu avec autant de plaisir à Paris qu'il l'a été dans cette célèbre Université, si l'on éprouvait le besoin d'en donner lecture.

La manière bienveillante et par trop flatteuse dont l'Auteur a répondu à la lettre que nous avons cru devoir lui écrire, en qualité de membre correspondant de l'Association, lorsque nous lui avons annoncé, il y a plus de dix mois, l'intention de faire apprécier son discours à nos concitoyens, est certainement de nature à nous soutenir efficacement dans cette partie difficile de notre tâche.

Nous avons la satisfaction de constater que notre publication sera plus actuelle qu'elle ne l'eût été si nous avions été à même de ia donner aussi rapidement que nous l'aurions désiré. En présence de la perspective d'être utile à la fois à la France, notre chère patrie, et à une nation chez laquelle nous avons trouvé à différentes reprises une hospitalité généreuse, nous avons oublié facilement les désappointements éprouvés, lorsque nous avons dû nous borner à résumer rapidement, dans une Chronique mensuelle des progrès de l'électricité, que publie *la Science illustrée*, quelques passages du discours de l'éminent philosophe qui devait bientôt présider aux destinées d'un des plus puissants empires qui aient jamais été établis sur le globe.

2.

Enfin, nous croyons que la lecture de ce morceau d'éloquence scientifique est indispensable pour constater une fois de plus qu'il n'existe point de question tellement abstraite, qu'un esprit suffisamment cultivé soit impuissant à la traiter d'une façon attrayante, et à exposer sans efforts ce qu'on a fait pour la résoudre, dans l'état actuel de nos connaissances. Ce que Boileau a si sagement formulé en deux vers fameux est toujours vrai, même pour l'Algèbre; mais il est important de le constater aujourd'hui, où tant de savants refusent de faire des sacrifices sur l'autel de l'aimable divinité qui inspire l'art de bien dire, et oublient trop souvent que les anciens ont été heureusement inspirés en proclamant que toutes les Muses sont sœurs.

LES LIMITES ACTUELLES

D E

NOTRE SCIENCE

La session de 1894 ayant été présidée par lord Salisbury (¹), qui était chancelier depuis fort longtemps, cette mémorable réunion de l'Association Britannique a été considérée comme une solennité académique par le Sénat de l'Université d'Oxford (²).

Le vice-chancelier publia une proclamation ordonnant à tous les gradués de revêtir leurs robes et de se coiffer de leurs toques, de sorte que l'amphithéâtre Sheldon offrait un aspect excessivement pittoresque. Ce vaste édifice, dont la construction est due à Wren, l'architecte de la cathédrale de Saint-Paul de Londres, est un cadre magnifique pour toutes les cérémonies de ce genre.

Le parterre était réservé aux membres de l'Association, les loges étaient occupées par les invités et par le public dont la majorité se composait de dames en grande toilette. Les étudiants des divers collèges s'étaient groupés çà et

---

(¹) Le marquis de Salisbury a été étudiant au collège de Christ-Church, et en 1853 il était nommé agrégé du collège de All Souls, toujours à Oxford.

(²) L'Université d'Oxford fit au marquis de Salisbury cet honneur en novembre 1869, lorsqu'il quitta pour la première fois le ministère, dont il cessait d'approuver la politique. Il était secrétaire d'Etat pour le ministère de l'Inde.

là, et l'on voyait partout briller les insignes éclatants des grades universitaires.

Lord Salisbury, portant le costume de chancelier, assisté du vice-chancelier, précédé des prévôts, et suivi par les principaux officiers de l'Université, fut introduit vers huit heures sur la plate-forme réservée aux orateurs et aux grands personnages.

A son entrée, l'orgue fait entendre le *Good save the Queen*, hymne national anglais que le public entend debout avec son recueillement ordinaire.

Le Président de l'Association (¹), dans la session de 1893, transmit ses pouvoirs suivant la pratique constante en prononçant quelques phrases de bienvenue et il se retira pour laisser le fauteuil à son successeur.

Conduit par les huissiers, celui-ci s'installa à la place où il devait prononcer son discours. Il fut salué par des applaudissements enthousiastes, dans lesquels se confondaient les sympathies pour l'homme et les espérances d'un changement politique répondant aux opinions traditionnelles de la doyenne des Universités britanniques.

Dès que le silence se fut rétabli, lord Salisbury se leva et s'exprima en ces termes :

En m'asseyant dans ce fauteuil, j'ai contracté des obligations d'un caractère plus complexe que celles qu'on accepte ordinairement en prenant cette place. Comme chancelier de l'Université, je suis obligé d'offrir à l'Association Britannique un cordial remerciement qu'il est de mon devoir d'accepter comme président de cette même Association. En qualité dé président, je suis le porte-voix

----

(¹) Le président de la session de 1893 à Nottingham, était M. J. G. Sanderson, professeur de Physiologie à l'Université d'Oxford.

très indigne de la science anglaise, comme beaucoup d'illustres personnages l'ont été avant moi. Mais, en qualité de chancelier, je représente bien plus convenablement les amis des Sciences qui brûlent du désir d'entendre les leçons que les premiers maîtres de la science anglaise viennent donner dans cette ville. Je suis tenu d'exprimer au nom de l'Université les sentiments qu'elle éprouve devant la grande Société dont la présence est le motif de combinaisons si peu ordinaires. Mais je ne pourrai m'acquitter de fonctions si multiples sans qu'il en résulte quelques embarras notables, pour moi personnellement.

En présence des grands-prêtres du Savoir, je ne suis qu'un profane, et tout l'art des grands chimistes que l'Association possède dans son sein n'effectuera pas la transmutation de la substance d'un profane en une espèce métallique plus précieuse. Cependant un destin impitoyable me contraint à adresser un discours scientifique à un auditoire qui est probablement le plus compétent du monde. Si un gentilhomme de village, qui aurait été bombardé colonel de volontaires (¹), était, par suite de quelque aberration mentale de la part du com-

---

(¹) Sa Grâce fait allusion à une circonstance de sa vie politique. Il y a quelques années, on l'a nommé colonel honoraire des milices du comté de Herts, où se trouve le château dans lequel elle tient ordinairement sa résidence.

mandant en chef, désigné pour passer en revue un corps d'armée à Aldershot (¹), il n'y aurait pas de militaire de profession qui ne compatît du fond du cœur pour le sort auquel l'infortuné ne pourrait se soustraire. J'implore quelque trace de ce sentiment charitable, pendant que je m'efforce de m'acquitter dans des conditions semblables, sans beaucoup plus d'espérance de réussir, d'un devoir analogue. Cependant au moins ai-je la consolation de me sentir affranchi de quelques-unes des anxiétés qui n'ont point épargné mes prédécesseurs à la présidence, dans cette illustre cité. Les relations actuelles de l'Association et de l'Université découlent de la profonde sympathie et du bon vouloir mutuel qui auraient dû exister constamment entre des collaborateurs dans l'œuvre sacrée de la diffusion de la lumière et du savoir. Mais nous devons reconnaître qu'il n'en a point été toujours ainsi. Une preuve curieuse d'un sentiment tout différent a été mise au jour l'année dernière dans l'intéressante biographie du docteur Pusey, que vient de publier le chanoine Liddon (²).

(¹) Établissement militaire anglais analogue à notre camp de Châlons.

(²) Chanoine de la cathédrale de Saint-Paul de Londres, condisciple du marquis de Salisbury au Christ-Church, collège d'Oxford, qui a consacré une grande partie de sa vie à rédiger une biographie du docteur Pusey.

Un passage est relatif à la première visite de l'Association à Oxford en 1832. M. Keble, à cette époque un leader de l'esprit universitaire, écrit avec indignation à son ami pour se plaindre que la dignité de docteur honoraire en droit civil (¹) ait été conférée à quelques-uns des membres les plus distingués de l'Association. « Les docteurs d'Oxford, dit le docteur Pusey (²), ont cédé tristement à

(¹) *Docteur honoraire en droit civil.* Dans l'Université d'Oxford comme dans l'Université de Cambridge, il n'y a que trois Facultés : la Faculté de Théologie, la Faculté de Droit civil, qui comprend toutes les Sciences, et la Faculté de Musique. C'est l'organisation du moyen âge qui a été complètement conservée. Pour rendre honneur aux savants étrangers, l'Université d'Oxford, de même que d'autres, leur accorde le titre de docteurs honoraires. Cette dignité leur est conférée dans une cérémonie publique. L'orateur les introduit, fait un discours latin dans lequel il expose rapidement leurs mérites ; alors le chancelier, ou à son défaut le vice-chancelier, leur accorde l'investiture. Les récipiendaires ne sont pas tenus de répondre dans la même langue, ce qui du reste serait assez inutile. En effet, les Anglais prononcent le latin d'une manière toute différente de la nôtre. J'ai assisté à la cérémonie qui se fit à Cambridge lorsque Le Verrier y reçut le titre de docteur honoraire. Il m'avoua qu'il n'avait pas compris un mot à ce qu'avait dit l'*orator* en rappelant ses titres.

(²) Théologien célèbre, né en 1800, dans les environs d'Oxford, qui créa le mouvement religieux connu sous le nom de *puseysme*, et se sépara de son ami Newman lorsque celui-ci se fit catholique, il y a environ un demi-siècle. Les tentatives du docteur Pusey ont provoqué des

l'esprit du temps en recevant comme ils l'ont fait ce pot-pourri de philosophes ». Il est amusant, après plus de soixante ans, de noter les noms des philosophes dont les distinctions académiques ont si douloureusement touché l'aimable esprit de M. Keble (¹). Ils s'appelaient Brown, Brewster, Faraday et Dalton (²). Quand nous nous rappelons

---

polémiques ardentes, oubliées de nos jours, mais dont l'histoire a été écrite par un grand nombre d'auteurs.

(¹) John Keble, théologien et poète, vécut de 1792 à 1860. Il est né dans le comté de Glocester et passa une grande partie de sa vie à Oxford. C'était un auteur très fécond, qui commença un mouvement de réforme de l'Église anglicane, dont il était un très zélé défenseur. On lui éleva un buste dans l'abbaye de Westminster. A Oxford, on créa en son honneur un collège qui porte son nom, et qui fut inauguré en 1869. Le but de cette fondation est de mettre à même les parents orthodoxes de faire donner à leurs enfants une éducation strictement conforme aux principes de l'Église anglicane. Il collabora avec Newman et Pusey à la publication de la grande collection connue sous le nom de *Bibliothèque des Pères* (la Patrologie britannique). Lors du meeting de 1832, il venait d'être nommé depuis un an professeur de poésie latine, poste qu'il conserva jusqu'en 1841. Il publia ses leçons sous un titre original, *De Poeticæ vi medicâ*.

(²) Faraday et Dalton sont trop généralement connus pour qu'il soit nécessaire de donner des éclaircissements sur leur carrière. Mais il n'en est pas de même du troisième personnage qui est cité comme ayant reçu le grade de docteur honoraire. Le botaniste Robert Brown est né à Montrose le 21 décembre 1774 et mort en 1858. En 1801, il explora, sous le commandement du capitaine Flinders,

le caractère séduisant et serein du talent de Keble, et que nous songeons qu'il était probablement à cette date l'homme de l'Université qui avait la plus grande influence sur l'esprit de ses collègues, nous pouvons mesurer le chemin que nous avons fait depuis cette séance, et la rapidité avec laquelle les trajectoires de ces deux astres intellectuels, l'Université et l'Association, ont convergé en s'approchant l'un de l'autre. Cette sortie de M. Keble ne provenait pas d'un caprice passager ou accidentel. Elle était inspirée par un sentiment enraciné profondément dans ce lieu où le savoir s'est développé pendant tant de siècles, sentiment qui avait en réalité son origine dans les entrailles de l'histoire, et qui n'a disparu que de notre temps. La principale cause de ce vif mécontentement était que les deux institutions enseignaient la Science, mais n'attachaient en aucune façon le même sens à ce mot. La Science, pour l'Université, pendant un grand nombre de générations, avait une signification différente de celle qui lui a toujours appartenu dans notre Association. Elle représentait les connaissances qui seules, dans le moyen âge, étaient considérées comme dignes du nom de

---

Floride, la Nouvelle-Hollande et la Terre de Van Diemen. C'est à ce savant que Humboldt dédia son *Synopsis plantarum orbis novi*. Sir Robert Peel lui donna une pension de 5000 francs sur la liste civile.

sciences. Ce n'étaient pas celles que l'on acqué-
rait par l'observation des objets extérieurs, mais
celles auxquelles on n'arrivait qu'à l'aide de la ré-
flexion. Le microscope de l'étudiant était tourné en
dedans et dirigé sur les replis de sa propre intelligence. Lorsque la provision de faits et de réalités
était épuisée, ce qui arrivait rapidement, l'imagination scientifique n'était point embarrassée pour
engendrer rapidement une interminable série
de spéculations complémentaires. *Cette* science,
science dans notre sens académique, avait des jours
de rapide croissance, d'aspirations sans bornes et
de consécrations enthousiastes. Elle fascinait les
intelligences qui s'éveillaient à cette époque; on
disait, car alors on n'était point avare de méta-
phores, que son attraction était assez puissante
pour retenir à la fois autour de l'Université trente
mille étudiants qui, dans le seul but d'apprendre
ce qu'on y enseignait, étaient disposés à subir les
plus terribles épreuves. Des sentiments de cette
nature sont maintenant une curiosité archéolo-
gique. Aujourd'hui la révolte contre Aristote est
vieille de trois siècles. Mais les sciences d'enten-
dement, que l'on supposait reposer sur ses écrits,
ont conservé une portion de leur prédominance
jusqu'à ce jour, et c'est seulement lentement et
jalousement qu'elles ont admis la rivalité des
sciences d'observation qui grandissent à cette

heure. Le sujet est intéressant pour nous, car cet état d'indécision, d'incertitude, déteignit sur les séances de notre Association lors de sa dernière visite à Oxford, dix-huit'années plus tard, en 1860. La violence du choc qui se produisit alors a laissé une impression durable sur l'esprit de ceux qui sont assez âgés pour en avoir été témoins. Que beaucoup d'énergie fut dans cette collision convertie en chaleur, est un fait qui peut, je crois, se conclure de la distance respectueuse gardée par les deux corps depuis cette rencontre.

Tandis que la visite de 1832 fut suivie quinze ans plus tard par une autre, l'année 1860 a précédé un terrible intervalle de séparation, qui n'a cessé qu'après trente-quatre ans. Il a fallu le temps d'une vie moyenne pour tirer le rideau de l'oubli sur ces scènes animées. On supposait généralement que des divergences profondes sur les questions religieuses étaient la cause déterminante de ces vives controverses. Jusqu'à un certain point cette impression était correcte. Mais les hommes ne distinguent pas toujours les motifs qui les poussent en avant, et je soupçonne que, dans beaucoup de circonstances, les appréhensions religieuses ne faisaient que masquer les ressentiments de l'aînée des deux sciences contre les prétentions de sa jeune rivale. Quoi qu'il en soit, il y a quelque chose de digne d'être noté, quelque chose de fort encourageant dans la différence que l'on peut constater entre les sentiments existant actuellement et ceux qui se manifestaient alors. Ils sont rares les hommes de foi influencés aujourd'hui par l'idée étrange que les croyances religieuses sont dans la dépendance des recherches physiques. Bien peu de savants, quel que soit leur Credo, chercheraient leur Géologie dans leurs livres sacrés, ou, d'un autre côté, s'imagineraient que leur creuset ou leur microscope peut les aider à pénétrer les mystères planant sur la nature et la destinée de l'âme humaine. De nos jours, la science antique ne conteste plus la part qui revient dans l'éducation à la science nouvelle; elle ne se refuse plus à voir l'influence suprême que la culture des Sciences exerce sur la constitution de l'esprit humain ([1]).

La lecture des discours de mes savants prédécesseurs me montre que le principal devoir qui incombe à un président en ouvrant les travaux de chaque session annuelle, est de rappeler aux membres de l'Association les découvertes saillantes inscrites dans les annales de la Science, depuis leur dernière visite dans la ville où il a l'honneur de les

---

([1]) Le nombre des savants qui résistent au courant moderne est certainement plus grand en France qu'il ne l'est en Angleterre. En effet, c'est surtout en France que l'on a essayé de constituer ce que l'on pourrait nommer un *Credo scientifique*.

entretenir. La plupart ont été à même de vous exposer dans tous ses détails intéressants le progrès
de la science particulière dont chacun d'eux était
l'éminent représentant. Si je voulais me livrer à
une pareille tentative, je vous raconterais avec
une compétence très insuffisante une histoire qui,
de temps en temps, vous est développée de la façon la plus intéressante par des orateurs qui possèdent des titres à votre confiance. J'accomplirai
une tâche plus en rapport avec ma capacité, si je
consacre les quelques observations que j'ai à vous
faire à passer en revue, non pas notre science, mais
notre ignorance. Nous vivons dans une oasis de
savoir, riche et brillante, mais environnée de tous
côtés par une vaste région inexplorée, et cernée par
d'impénétrables mystères. D'âge en âge, le pénible
travail de générations successives gagne un lam-
beau de terrain sur le désert et pousse plus loin
la frontière de nos connaissances. De si beaux
triomphes nous rendent avec raison très fiers.
C'est une tâche moins attrayante, mais qui, cependant, n'est pas sans offrir ses charmes ainsi
que ses usages, que de tourner les yeux vers la
région encore inexplorée qu'il reste à conquérir,
et de diriger ses regards sur quelques-uns des
problèmes stupéfiants qui défient nos investigations dans l'étude de la nature. En conséquence,
au lieu de vous énumérer ce qu'on a fait, ou d'es-

sayer de deviner les découvertes prochaines, je vous demanderai la permission d'attirer votre attention sur les incertitudes dans lesquelles nous nous trouvons vis-à-vis de trois ou quatre questions physiques choisies parmi les plus sérieuses de toutes celles que notre siècle s'efforce de résoudre.

De toutes les énigmes scientifiques qui attendent en ce moment une réponse, la nature et l'origine de ce que l'on appelle les éléments chimiques est la plus importante. Il n'est peut-être pas aisé d'assigner une raison logique à ce sentiment, que l'existence de soixante-cinq corps élémentaires paraît contraire à la raison (¹), et cache quelque

-----

(¹) A la liste des corps simples dont l'existence était considérée comme établie, lors de l'ouverture de la session d'Oxford, il convient d'ajouter actuellement l'Argon et l'Hélium, dont la découverte est un des événements scientifiques les plus considérables de l'année. Mais ces corps simples nouveaux ne paraissent pas devoir être les derniers dont les chimistes doivent enrichir la liste déjà si nombreuse des substances élémentaires que l'on possède. D'après l'*Annuaire du Bureau des Longitudes*, des travaux récents ont permis de croire que les minéraux contenant du Cérium, du Lanthane, du Dydime, etc., etc., renferment beaucoup d'autres métaux dont la séparation est très difficile, parce que leurs propriétés sont très voisines. Ces minéraux seraient au nombre de sept : le Gadolinium, l'Holmium, le Néodyme, le Praséodyme, le Scandium, le Thulium et l'Yterbium. En outre, suivant quelques auteurs, le Disprolium serait un mélange, et le Samarium un

série de faits plus simples. Mais cette conviction
est irrésistible. Nous ne pouvons concevoir, dans
n'importe quel système de cosmogonie, comment
ces soixante-cinq éléments sont arrivés à être. On
peut dire qu'un tiers constitue à lui seul la moitié
de notre planète, un second tiers peut rendre des
services, quoique les corps qui le composent soient
déjà assez rares. Le dernier tiers est formé de
curiosités scientifiques répandues au hasard, mais
d'une façon très parcimonieuse, sur tout le globe.
Il semble n'avoir d'autre fonction que de fournir un sujet de recherches au collectionneur et
au chimiste. Quelques-uns de ces éléments se
ressemblent tellement qu'il n'y a qu'un spécia-
liste qui puisse les distinguer les uns des autres ;
d'autres diffèrent d'une façon prodigieuse, sous
chacun des points de vue qu'il est permis de concevoir. En cohésion, en poids spécifique, en con-
ductibilité, en fusibilité, en affinités chimiques, ils
varient autant qu'il est possible. Ils ne semblent
point avoir entre eux plus de relations que les divers cailloux qu'on rencontre sur une plage, ou
les divers objets qui se trouvent pêle-mêle dans

---

composé d'au moins deux éléments inconnus. Les chimistes
seraient donc menacés d'être encombrés par une avalanche
de corps simples, analogue à celle des petites planètes qui
enflent chaque année les éphémérides astronomiques, il
est vrai avec grand profit pour la Science.

une cabane abandonnée. Que vous voyiez dans la
création l'œuvre d'un dessein prémédité ou le fruit
du hasard, il vous est également difficile d'expliquer comment s'est formée cette collection désor-
donnée d'éléments disparates. Innombrables ont
été les efforts pour résoudre cette énigme; mais,
jusqu'à cette heure, ils l'ont laissée beaucoup plus
impénétrable. Une conviction qu'il y a quelque
chose à découvrir se retrouve sous cette croyance
persistante dans la possibilité de changer les divers métaux en or, qui a produit l'Alchimie du
moyen âge. Lorsque l'immortelle découverte de
Dalton établit que les atomes de chacun de ces
éléments ont un poids spécial qui leur est propre,
et que par conséquent ils se combinent en quantités pondérables fixes dont jamais ils ne se dépar-
tissent, ce grand résultat renouvela l'espérance
que quelque origine commune des éléments était
en vue. On avança la théorie que tous ces poids
étaient des multiples exacts de celui de l'hydrogène; on prétendit que chaque atome élémentaire
était seulement un nombre plus ou moins grand
d'atomes d'hydrogène assemblés en un seul par
quelque étrange procédé. Les analyses les plus
élaborées, exécutées par des chimistes de la plus
haute éminence, d'une façon éclatante par l'illustre
Stas, ont été entreprises pour voir s'il existe en
réalité quelque preuve de l'idée théorique, que les

atomes de chaque élément consistent d'un nombre d'atomes ou de demi-atomes d'hydrogène. Mais la réponse faite dans le laboratoire a toujours été claire et négative; il n'y a point dans les observations le plus faible fondement pour une semblable théorie.

Alors vint la découverte de l'Analyse spectrale, et l'on pensa qu'avec un instrument d'une délicatesse si inconcevable, on découvrirait au moins quelque chose de la nature de l'atome. L'Analyse spectrale, entre les mains du docteur Huggins et de M. Lockyer, nous a montré des choses que le monde s'attendait peu à connaître (¹). Nous avons été mis à même de mesurer la vitesse avec laquelle des nuages d'hydrogène enflammé voyagent à travers la surface du Soleil; nous avons déterminé la marche prodigieuse des étoiles, s'appro-

---

(¹) M. Lockyer est un célèbre astronome anglais né à Rugby en 1836, membre de la Société Royale de Londres, à qui l'on doit un grand nombre de travaux et de publications sur l'Analyse spectrale. Il a découvert, en 1868, le même jour que M. Janssen, un procédé pour étudier les protubérances solaires. L'Académie des Sciences a reconnu ce succès en décernant simultanément aux deux émules une médaille d'or. M. Lockyer a fondé le journal anglais *Nature*, qui est le plus important recueil scientifique du monde. Récemment il a été nommé chevalier de l'ordre du Bain. Il a exécuté un grand nombre de voyages astronomiques dans les deux hémisphères, pour observer les éclipses de Soleil.

chant ou s'éloignant pendant des siècles de notre planète, sans affecter le moins du monde les proportions des constellations qu'elles ont toujours formées sur la voûte céleste aussi loin que nos documents historiques remontent. Nous avons reçu quelques informations sur les atomes élémentaires eux-mêmes; nous avons appris que l'atome de chaque espèce, lorsqu'il est échauffé, imprime à l'éther une vibration ou une série de vibrations dont la fréquence lui appartient d'une façon exclusive, qu'aucun atome ou aucune combinaison d'atome, en produisant son spectre, n'empiète, fût-ce l'épaisseur d'une seule ligne, sur le spectre qui appartient à son voisin. Nous avons appris que les éléments qui existent dans les étoiles, et spécialement dans le Soleil, sont principalement ceux que nous rencontrons familièrement sur le globe. On trouve dans le spectre solaire quelques corps auxquels nous ne pouvons donner aucun nom terrestre, et il y a quelques lacunes encore plus déconcertantes dans la liste des substances que l'on y rencontre. C'est une grande aggravation du mystère qui environne la question des éléments que, parmi les lignes qui manquent dans le spectre du Soleil, celles de l'oxygène et de l'azote occupent le premier rang. L'oxygène constitue la plus grande partie de la substance liquide et solide de notre planète, autant que nous avons

pu nous en assurer, et l'azote est de beaucoup la
partie prédominante de notre atmosphère. Si la
Terre est un morceau détaché par la force centri-
fuge de la masse du Soleil, comme les cosmogo-
nistes aiment à le déclarer, comment se fait-il
qu'en quittant le Soleil, nous l'avons débarrassé
si complétement de son azote et de son oxygène,
qu'aucune trace de ces gaz n'est restée en arrière ;
comment expliquer qu'il ne s'en trouve plus assez
pour être mis en évidence, même par un instrument d'une sensibilité aussi grande que le spec-
troscope ([1])?

La découverte de l'Analyse spectrale a ajouté
à notre savoir une foule de détails, mais elle nous
a laissés aussi ignorants qu'autrefois sur la nature des différences capricieuses séparant les
atomes les uns des autres, ou sur les causes auxquelles ces différences sont dues.

Il y a quelques années, la même énigme a été
mise à l'étude, en partant d'un autre point de vue,
par M. Newlands et le professeur Mendeleeff. Les
lois périodiques qu'ils ont découvertes leur ont
fait tout l'honneur que méritent des recherches
ingénieuses, laborieuses et heureuses. Le profes-

([1]) Il est peu utile probablement de rappeler que cette
théorie est la célèbre Cosmogonie de Kant développée par
Laplace, dans le dernier Chapitre de son *Exposition du
système du Monde.*

seur a montré que cette liste inquiétante d'éléments peut, si nous prenons les choses très en gros,
se diviser environ en sept familles. Chaque famille
diffère des autres, mais chacune est construite sur
le même plan intérieur. Le professeur a fait une
découverte surprenante, et surprenante surtout
dans ce qui manquait pour qu'elle fût complète.
Car, dans le plan de ses familles, M. Mendeleeff a
laissé des vides; des places n'ont point été rem-
plies parce que les éléments constitués d'une façon convenable, et nécessaires suivant sa théorie, n'avaient pu être trouvés. Pendant un certain
temps l'absence de ces corps indispensables sembla
une faiblesse de la théorie nouvelle, elle donna un
aspect arbitraire à la conception. Mais la faiblesse
devint une force quand, à l'étonnement du monde
scientifique, trois des éléments qui manquaient
firent leur apparition en réponse à l'appel. L'éminent auteur avait décrit avant de les connaître les
qualités qu'ils devaient posséder; et le Gallium,
le Germanium et le Scandium, lorsqu'ils furent découverts peu de temps après la publication de son
Mémoire, étaient revêtus des qualités qu'il leur
avait assignées. Cette confirmation remarquable
a placé la loi périodique de Mendeleeff dans une
position inattaquable. Mais elle a plutôt épaissi que
dissipé le mystère qui plane sur la nature véritable
de tous les corps. La découverte de ces familles

si bien ordonnées indique évidemment quelque origine identique, mais elle n'avance point la connaissance de leur genèse ou de la raison de leur parenté commune. S'il s'agissait de substances organiques, toutes les difficultés s'évanouiraient en prononçant le mot commode d'*évolution*, un de ces mots mal définis qui, de temps en temps, surgissent dans la langue vulgaire et qui ont le don de nous soulager de tant de perplexités, de masquer tant de lacunes de notre Science. Malheureusement les familles d'atomes élémentaires ne sont point susceptibles de se modifier par l'élevage; nous ne pouvons en conséquence attribuer les différences graduées que nous constatons, à des variations accidentelles perpétuées par l'hérédité sous l'influence de la sélection naturelle. La rareté de l'Iode et l'abondance de son frère le Chlore ne peuvent être expliquées par la survivance du plus digne dans la lutte pour l'existence. Nous ne saurions rendre compte des petites différences qui distinguent avec persistance le Nickel du Cobalt, en invoquant l'héritage récent par l'un d'eux, d'une variation avantageuse dans les qualités provenant d'une souche ancestrale. Il en résulte que tous les triomphes successifs de Dalton, de Kirchhoff, de Mendeleeff, quelque grandement qu'ils aient étendu notre provision de savoir, ne nous ont pas beaucoup avancés vers la solution du problème que les atomes élémentaires ont présenté à l'humanité pendant des siècles. Savoir ce qu'est la particule insécable, si c'est un mouvement, une chose, un tourbillon, un point ayant de l'inertie, déterminer s'il y a une limite à la divisibilité de cet être, et, s'il en est ainsi, deviner comment cette limite est imposée, décider si la longue liste des éléments est définitive, ou si quelques-uns ont une commune origine; toutes ces questions restent environnées de ténèbres aussi profondes qu'autrefois. Le rêve qui soutenait les alchimistes dans leurs pénibles travaux, et auquel on peut attribuer la création de la Chimie, n'a sûrement point été réalisé, mais il n'a point encore été dissipé. De ce côté, les frontières de notre Science restent ce qu'elles étaient il y a un grand nombre de siècles.

La seconde discussion sur laquelle je porterai mes regards pour trouver des difficultés qui ont jusqu'ici défié l'examen expérimental sera celle qui est relative à la nature de l'éther. L'éther occupe une position excessivement bizarre dans le monde de la Science. On peut l'appeler une entité à moitié découverte. Je n'ose pas me servir d'un terme moins pédant que le mot d'entité pour le désigner, car ce serait grandement exagérer ce que nous en savons, que de de dire que c'est un corps ou même une substance. Quand, il y a presque un siècle, Young et Fresnel (¹) découvrirent que les mouvements d'une particule incandescente étaient communiqués à la rétine par des ondulations, il fallait en conclure qu'il existe entre notre œil et la particule lumineuse quelque chose qui doit onduler. Pour fournir ce quelque chose, la notion de l'éther fut conçue, et pendant plus de deux générations la principale sinon la seule fonction de l'éther a été de fournir un sujet au verbe actif *onduler*. Dernièrement, notre conception de cette entité a reçu une notable extension. Un des plus brillants services que le docteur Maxwell ait rendus à la Science, a été de constater que le nombre qui exprime la vitesse de la lumière n'est autre que le coefficient nécessaire pour changer la mesure de l'électricité statique ou passive en électricité dynamique ou active. L'interprétation que l'on peut raisonnablement attacher à cette coïncidence est la suivante : Comme la lumière et l'impulsion électrique voyagent à peu près avec la même vitesse à travers le monde, il est probable que les ondulations qui les transportent l'une comme l'autre se produisent dans le même milieu. Puisque l'électricité induite pénètre toutes les sub-

---

(¹) A proprement parler, Young et Fresnel n'ont point découvert la théorie des ondulations, qui appartient à Descartes, mais simplement des arguments, qui ont paru décisifs, en faveur de cette théorie.

stances ou presque toutes, il en résulte que l'éther
à travers lequel ses ondulations sont propagées
envahit tout l'espace, qu'il soit vide ou plein, qu'il
soit occupé par une substance opaque, une substance transparente, ou qu'il soit dépourvu de
toute espèce de matière. Je ne ferai allusion aux
expériences intéressantes par lesquelles feu le
professeur Hertz a mis en évidence les vibrations
électriques de l'éther, que pour avoir l'occasion
d'exprimer le regret que la mort ait terminé pré-
maturément une carrière de savant commencée
avec des promesses si brillantes, et qui avait déjà
porté des fruits si remarquables.

Mais le mystère de l'éther, quoique ces découvertes aient encore augmenté la fascination qu'il
exerce, est encore plus inscrutable qu'auparavant.
De cette entité qui envahit tout nous ne connaissons
absolument rien, excepté ce seul fait, qu'on peut
la faire onduler. Personne ne sait si, en dehors de
l'effort constaté par le mouvement de ses ondes,
la matière produit quelque effet sur l'éther, ou si
l'éther est influencé d'une façon quelconque par
elle. Et même cette ondulation fameuse, l'éther
l'accomplit d'une façon extraordinaire qui a causé
d'infinies perplexités. Tous les fluides que nous
connaissons transmettent les chocs qu'ils reçoi-
vent à l'aide de vagues dont les ondulations se
produisent alternativement en avant et en arrière,

dans la direction de l'impulsion. L'éther oscille perpendiculairement à la direction dans laquelle le mouvement se propage. Le génie de lord Kelvin ([1]) a récemment découvert ce qu'il nomme un état de *labile equilibrium* ([2]), dans lequel peut se trouver un fluide infini, et qui lui permet ce genre d'ondulations extraordinaires sans outrager les lois connues des mouvements vibratoires. Je ne suis point mathématicien, et je ne peux juger si cette réconciliation de l'éther avec la Mécanique rationnelle doit être considérée comme une solution permanente du problème, ou si elle est simplement ce que les diplomates nomment un *modus vivendi*. En tout cas, notre connaissance de l'éther reste dans un état excessivement rudimentaire. On ne lui attribue qu'une propriété, qu'une seule, et cette propriété unique est au plus haut degré incompréhensible et elle échappe à l'analyse.

La conception plus élevée qui nous a permis

([1]) On retrouve sous ce nom sir William Thomson, le célèbre inventeur du siphon register, de l'électromètre absolu, et le fécond auteur d'un grand nombre de Mémoires. Il y a quelques années, il fut élevé à la pairie, renonçant ainsi au nom qu'il avait illustré, et sous lequel il est encore connu en France.

([2]) *Equilibrium labile.* Nous n'osons traduire par équilibre instable, quoique le sens que lord Kelvin attache à ce mot soit évidemment très voisin du terme usité dans la Mécanique rationnelle.

de reconnaître les vagues de l'éther dans les vibrations de l'électricité a ajouté un intérêt infini à l'étude de ces mouvements étranges, mais cette généralisation entraîne avec elle des difficultés spéciales. Il n'est point aisé, dans la théorie des vagues électriques, de rendre compte des différences de l'électricité positive et de l'électricité négative, et quant à la nature de ces deux forces agissant en sens inverse et complémentaires auxquelles nous donnons le nom de quantités algébriques, nous ne la connaissons maintenant pas beaucoup mieux que Franklin il y a un siècle et demi ([1]).

J'ai choisi les atomes élémentaires et l'éther comme des exemples de l'obscurité planant encore de nos jours sur des problèmes que les savants les plus distingués ont creusés pendant plusieurs générations. Un exemple plus frappant, et qui se présente plus naturellement encore, est la vie animale et végétale ; la vie, c'est-à-dire l'action d'une force inconnue sur les corps inertes. Quelle est cette impulsion mystérieuse qui a la puissance de se faire obéir au milieu des lois ordinaires de la matière, et qui les dévie pour un instant de leur route? Il y a des gens qui éprouvent de la répu-

---

([1]) On n'a pas oublié que Franklin ne croyait qu'à une seule espèce d'électricité, tantôt en excès, tantôt en défaut, et que la querelle retentissante qu'il a eue avec l'abbé Nollet n'a converti personne.

gnance à employer le mot de *force vitale* pour désigner ce mouvement. D'après leur manière de voir,
l'existence de cette force ne peut plus être admise
depuis qu'en ayant recours à des substitutions ingénieuses, les chimistes sont parvenus à obtenir
artificiellement les produits particuliers que la
nature nous permet de trouver dans les organismes
qui vivent, ou qui ont été vivants. Ces composés
sont engendrés par des organes spéciaux, en train
d'accomplir la série de fonctions ordonnées qui se
succèdent pendant toute la durée de leur brève
carrière. Le pouvoir de les imiter, ce que nous
avons réussi dans beaucoup de cas, ne nous permet pas d'exécuter ce que la force vitale seule
peut produire, d'appeler à l'existence l'*organisme
lui-même* et de l'obliger à traverser la série des
changements qu'il est destiné à subir. Voilà quelle
est la force inconnue qui continue à défier non
seulement notre imitation mais même notre analyse. La Biologie a été exceptionnellement active
et heureuse pendant le dernier demi-siècle. Ses
triomphes ont été brillants, et ils ont été assez
riches, non seulement en résultats immédiats,
mais encore en promesses de progrès futurs. Cependant, on peut dire qu'ils ne donnent aucun
espoir de pénétrer au centre du grand mystère.
Le progrès accompli dans l'étude de la vie micro-
scopique a été très frappant, indépendamment

de la solidité des conclusions pratiques que l'on semble devoir en tirer dans les applications usuelles. Des corps infiniment petits, découverts sur les racines des plantes, remplissent le rôle magnifique de capturer et de dompter pour nous l'azote qui flotte librement dans l'atmosphère. Ils mettent à notre disposition cet élément que nous devons absorber et consommer chaque jour sous peine de périr; car, sans le secours de nos alliés microscopiques, nous ne saurions tirer un atome de l'océan aérien où nous sommes plongés constamment jusqu'à notre mort. Mais d'autres corps du même ordre de petitesse sont convaincus d'être la cause de la plupart des maladies terribles dont notre chair a reçu l'héritage. Il est de plus probable que le crime de beaucoup d'autres ne tardera point à être établi d'une façon également convaincante. Il en est encore qui exercent une influence presque aussi puissante et presque aussi sinistre sur notre race en propageant les maladies épidémiques à l'aide desquelles elles détruisent les récoltes les plus utiles arrosées par la sueur de nos agriculteurs. Ce sont ces coupables organismes, invisibles à l'œil nu, qui produisent les maladies des vers à soie, de la vigne et de la pomme de terre. Presque toute la puissance de ces pestes consiste dans la faculté de propager leur espèce avec une vitesse infinie, et jusqu'à ce moment la

Science a été beaucoup plus habile à décrire leurs ravages qu'à les arrêter. Mais nous nous rendrions coupables d'ingratitude en ne mentionnant point deux exceptions à cette règle. Le traitement antiseptique que nous devons principalement à Lister ([1]), et l'inoculation contre l'anthrax, l'hydrophobie, etc., par une méthode dont l'honneur revient à Pasteur, doivent être considérés comme de splendides victoires contre les légions innombrables de nos ennemis infiniment petits.

Des résultats de ce genre sont la grande gloire que le siècle qui va finir doit au labeur des savants. On a peut-être exagéré l'importance des progrès qu'ils ont su accomplir, en disant que les chercheurs ont ouvert les secrets de la nature. Mais il est difficile de porter trop haut les services qu'ils ont rendus, en répandant le bien-être et en diminuant les souffrances de l'humanité.

Si nous ne sommes point capables de pénétrer bien avant dans l'origine et dans les causes de la vie, telle qu'elle se manifeste de nos jours, il n'est pas probable que nous aurions plus de succès en

---

([1]) La reconnaissance que l'on doit à cet éminent physiologiste se manifeste tous les jours. Il y a quelque temps, l'Académie des Sciences de Paris le nommait un de ses huit associés étrangers. Il est né à Londres en 1827. On vient d'ouvrir une souscription pour placer son portrait à côté de celui de Hunter, dans la grande salle du Collège royal des médecins d'Angleterre.

essayant de mieux réussir par l'étude des êtres
chez qui elle s'épanouissait, il y a des milliers
de siècles. Certainement l'événement le plus important dans les annales scientifiques des cin-
quante dernières années, est la publication de
l'ouvrage de M. Darwin, qui parut en 1839, sur
l'origine de l'espèce. Sous quelques points de vue,
tels que la profondeur de l'impression faite sur la
pensée scientifique et même sur l'opinion générale
du monde, il est difficile d'exagérer son importance. Même à la distance où nous nous trouvons de cet événement, il est possible de voir que
quelques-uns de ses succès sont dus à des circonstances fortuites. Il a eu la bonne fortune d'enrôler
au nombre de ses champions quelques-unes des
intelligences les plus puissantes de son temps, et la
chance peut-être plus grande encore d'être publié
à une époque où il fournit des armes de guerre à
des hommes qui ne se préoccupaient aucunement
de la vérité scientifique, et qui en firent usage dans
des polémiques violentes, dont l'effet ne pouvait
être que passager (¹). Toutefois, il faut chercher

(¹) La plupart des partisans de Darwin, au moins sur
le continent, appartenaient au parti révolutionnaire, ce qui
a fait croire que cette manière de voir entraînait une adhésion à des principes avancés. Il n'en a pas été de même
en Angleterre. Il n'est pas superflu de remarquer que la
doctrine de sélection naturelle convient particulièrement

la majeure partie des effets qu'il a produits dans
le caractère remarquable et dans les qualités personnelles de l'auteur. La sûreté du jugement, la
simplicité de l'esprit, l'amour de la vérité, la passion mise à poursuivre les investigations pendant
des années de labeurs accomplis dans les circonstances les plus défavorables, toutes ces qualités,
indépendamment même du mérite scientifique ou
du charme littéraire, rendirent cher à une foule de
lecteurs tout ce qui venait de Charles Darwin. Et
quelle que soit la valeur que l'on attribue finale-
ment à sa doctrine, rien ne peut diminuer l'éclat
dont il l'a inondée, par la richesse de son savoir
et par la puissance des ressources de son esprit.
Le pouvoir intrinsèque de sa théorie est constaté,
au moins en ce sens, qu'il a effectué une transformation complète des méthodes d'investigation
dans le département de la Science universelle
dont il s'est occupé. Avant lui, l'étude de la nature
vivante avait une tendance à n'être que statis-
tique; depuis ses travaux, elle est devenue surtout historique. Savoir comment un corps organisé

à une nation n'ayant pas éprouvé de transformation éga-
litaire et l'on comprend bien la rapidité avec laquelle elle
s'est développée en Angleterre et en Allemagne. Mais il est
permis de s'étonner qu'elle ait été adoptée de ce côté du
détroit par tant de politiciens, dont les opinions rappellent
celles des niveleurs du temps de Cromwell.

est arrivé à être ce qu'il est occupe maintenant
une place beaucoup plus grande dans une étude
quelconque que la simple description de son organisation actuelle. Car ce genre de questions,
non seulement n'était pas prédominant, mais on
peut presque dire qu'on en ignorait l'existence
dans la Botanique et la Zoologie, il y a soixante
ans (¹).

Un autre effet a résulté incontestablement de
l'œuvre de Darwin. Elle a certainement détruit la
doctrine de l'immutabilité de l'espèce. Récemment cette dernière théorie a été surtout associée
avec le grand nom d'Agassiz. Mais, avec lui, elle a
perdu le dernier défenseur qui pût attirer l'attention des savants. On trouverait actuellement peu
de naturalistes se refusant à reconnaître que des
animaux, offrant des différences plus saillantes
que celles qui séparent des individus d'espèces
distinctes, descendent cependant d'un ancêtre
commun. Mais on s'entend beaucoup moins sur
l'étendue que l'on peut attribuer à cette commu-
nauté d'origine et sur la manière dont les varia-

(¹) On sait que ces idées ont été soutenues notamment
par le naturaliste français Lamarck qui vivait au commencement de ce siècle, et dont les opinions n'avaient point
fait de progrès notables. Les travaux de ce physiologiste
ne sont point de nature à porter préjudice à la gloire de
Darwin.

tions se sont développées. Darwin lui-même croyait que tous les animaux provenaient au plus de quatre ou cinq couples primitifs ; il ajoutait qu'il y avait de la grandeur dans cette vue que le Créateur avait donné le souffle de la vie, sous quatre ou cinq formes différentes, et non sous un nombre infini de types. Quelques-uns de ses disciples les plus dévoués, tels que le professeur Hœckel, ne craignent pas de faire un pas de plus, et ils considèrent le limon du monde primitif comme l'ancêtre probable de toute la flore et de toute la faune de notre planète.

Ainsi étendue, la doctrine de Darwin n'a point effectué la conquête de l'opinion scientifique ; encore moins y a-t-il unanimité dans l'adoption de la sélection naturelle comme le seul ou même le principal agent des modifications qui peuvent avoir produit les formes de la vie que nous voyons autour de nous. La plus profonde obscurité règne encore sur l'origine des formes infinies dont la vie est susceptible. Deux des objections les plus fortes que l'on ait faites à l'explication de Darwin possèdent encore toute leur puissance.

Je pense que lord Kelvin a été le premier à faire remarquer que la longueur du temps demandé par les Darwiniens pour la mise en action du système qu'ils ont imaginé, ne peut être concédée, sans supposer des lois naturelles tout à fait différentes de celles que nous observons. Ses vues ne sont pas seulement basées sur une connaissance profonde de la Mécanique rationnelle, mais elles sont exposées si simplement, qu'il n'y a pas de profane qui ne puisse les comprendre. Laissons de côté son raisonnement sur la résistance des marées, qui est assez compliqué pour que l'on suppose qu'il dépasse l'intelligence de l'homme étranger à l'étude des Mathématiques, mais attachons-nous à l'argument qu'il tire du refroidissement de la Terre et qui peut être compris sans beaucoup d'algèbre. Chacun sait que les objets échauffés perdent progressivement la chaleur qu'on leur a communiquée, et qu'ils mettent plus ou moins de temps à se refroidir, d'après la nature de la matière qui les compose. Il en résulte que nous pouvons calculer approximativement quelle était la température de la Terre, il y a un nombre donné de millions d'années. Mais si, à une époque connue, la surface que nous habitons possédait une température dépassant sa valeur actuelle de 50° Fahrenheit (27° à 28° C.), la vie y était alors impossible. En conséquence, nous pouvons assez aisément fixer une date avant laquelle la vie organique ne saurait avoir existé sur le globe. En se basant sur ces considérations, lord Kelvin limita la période de temps pendant laquelle la vie organique a pu se développer librement sur notre

sphère. Il limita sa durée à cent millions d'années. Le professeur Tait, animé d'un esprit d'éco-
nomie encore beaucoup plus grand, réduisit ces
cent millions à dix! Mais, d'autre part, nous connaissons l'étendue de la période que réclament les
zoologistes et les géologues. Ils ont commis des
débauches de prodigalité dans la manière dont ils
ont ajouté des zéros à la droite des chiffres indi-
quant en nombres la longueur de la vie de la planète. Longtemps gênés et emprisonnés dans les
bornes étroites de la chronologie populaire, ils ont
commis toutes sortes d'extravagances lorsqu'ils se
sont sentis affranchis du joug. Ils ont gaspillé leurs
millions d'années en ouvrant la main comme un
vieillard tiré de la misère par un héritage inat-
tendu et qui se dédommage, par son extravagance,
des privations forcées de sa jeunesse. Toutefois, on
ne peut dire qu'ils ont tort, et que leurs théories
n'ont pas besoin d'un champ aussi vaste en son-
geant à l'étonnante distance que Darwin nous fait
parcourir, lorsqu'il nous mène jusqu'à l'homme
civilisé, en nous faisant partir de la Méduse abandonnée par la mer sur les fonds d'une baie du
monde primitif. Réfléchissons de plus que le changement nécessaire pour produire une telle transformation a lieu par l'intermédiaire d'une chaîne
de générations successives ; que, dans chacune de
ces étapes indispensables, l'être ne diffère de son

prédécesseur que par une variation minime, une
variation si faible, que, dans le cours de la période
historique (mettons trois mille ans), quoiqu'elle
soit progressive, elle n'est point arrivée à faire un
pas assez grand pour que nos yeux l'aperçoivent ;
qu'elle nous échappe, soit que nous étudions
l'homme, soit que nous étudions les plantes et
les animaux avec lesquels l'homme est familier.
Alors nous admettrons que, pour une série de
changements formant une chaîne si longue, et
dont le plus petit anneau dépasse la longueur de
nos annales, les biologistes ne peuvent pas être
accusés de formuler des demandes extravagantes,
lorsqu'ils réclament beaucoup de centaines de millions d'années pour l'accomplissement de cette
œuvre stupéfiante. Évidemment, si les mathématiciens ont raison, les biologistes ne peuvent avoir
à leur disposition tout le temps qu'ils réclament.
Si, pour satisfaire aux exigences de leurs théories, la vie organique doit avoir existé sur le globe,
il y a plus de cent mille ans, elle ne peut, et cela
à cause de la température qu'avait alors la surface
de la Terre, s'être montrée qu'à l'état de vapeur !
La Méduse aurait été dissipée en fumée bien avant
d'avoir eu une chance favorable permettant d'acquérir les variations avantageuses qui en ont fait
l'ancêtre de la race humaine. Je vois, dans l'éloquent discours de l'un de mes plus récents et de

mes plus distingués prédécesseurs dans ce fauteuil (sir Archibald Geikie, président en 1892 de la session d'Édimbourg), que la controverse dure encore. Les mathématiciens défendent avec obstination (¹) leurs chiffres, et les biologistes sont sûrs que les mathématiciens ont commis une erreur. Je ne me hasarderai pas à me placer sur la ligne du feu, en intervenant dans une si dangereuse controverse. Mais, jusqu'à ce que les parties belligérantes se soient mises d'accord, les laïques peuvent être excusés s'ils rendent un verdict de *non prouvé* sur les conclusions les plus larges que l'École darwinienne ait pu soulever.

L'autre objection ne peut être mieux définie qu'en employant les paroles d'un illustre disciple de Darwin, qui a récemment honoré cette ville de sa présence, je veux parler du professeur Weiss-

---

(¹) Le passage principal du discours présidentiel de sir Archibald Geikie, directeur du *Geological Survey*, a trait à l'évaluation du temps nécessaire pour l'accumulation des couches stratifiées apportées par le cours des fleuves. Il pense que les sédiments de l'époque actuelle ont besoin au moins de sept cent trente ans pour atteindre une épaisseur de 0^m,30, si l'on admet que les dépôts se déposent paisiblement les uns au-dessus des autres. En estimant l'épaisseur des couches sédimentaires à 33^{km}, on voit qu'il faut du moins supposer que les débris se sont accumulés depuis sept cent trente millions d'années. Or, en adoptant l'autre formule, on arriverait à six mille huit cent millions d'années.

mann. Mais je ne peux citer le nom de cet homme célèbre sans donner en passant une faible expression du sentiment universel de regret avec lequel, dans cette Université, nous avons appris que le professeur Romanes (¹), l'antagoniste distingué de Weissmann, nous avait été enlevé à l'aurore de sa vie, au moment où s'ouvrait devant lui une splendide carrière scientifique.

La plus grande objection à la doctrine de la sélection naturelle a été formulée par Weissmann dans un Mémoire publié il y a quelques mois, et où il était loin de lui donner son adhésion, puisqu'il l'y combattait au contraire. En conséquence, ce qu'il dit peut être considéré comme un exposé impartial de la difficulté. « Nous acceptons la sélection naturelle, écrivait-il, non point parce que nous sommes à même de la démontrer en détail, non point parce que nous pouvons la comprendre avec plus ou moins de facilité, mais parce que

---

(¹) Romanes (Georges John), né à Kingston (Canada) en 1848, est mort en Angleterre en 1865. Lorsqu'il était étudiant à Cambridge, il fut remarqué par Darwin qui le prit en amitié et lui laissa des manuscrits, avec la mission d'en préparer la publication. Romanes s'acquitta avec talent de cette tâche, et écrivit un grand nombre d'Ouvrages pour son compte personnel. Il était un des collaborateurs assidus de *Nature*, et publia pour son compte de nombreux Ouvrages sur l'évolution, notamment dans la Bibliothèque Internationale.

nous y sommes obligés, parce que c'est la seule explication que nous puissions concevoir. Nous devons supposer que la sélection naturelle est le principe des explications des métamorphoses, parce que tous les autres modes d'explication nous manqueraient et qu'il n'est pas possible de concevoir qu'il y ait un autre moyen de rendre compte de l'adaptation des organismes, sans invoquer l'existence d'un plan préconçu dans la nature (¹). »

Voilà la manière dont on s'y prend pour raisonner. Nous ne pouvons démontrer en détail l'existence d'un principe de sélection naturelle; nous ne pouvons même, avec plus ou moins de facilité, l'imaginer. Il est purement hypothétique. Personne, que nous sachions, ne l'a jamais vu à l'ouvrage. Une variation accidentelle peut s'être perpétuée par héritage, par atavisme; et dans la lutte pour l'existence, celui qui en était pourvu peut avoir remplacé ses compétiteurs moins favorisés, en vertu de la loi de la survivance du plus digne. Mais, autant que s'étendent nos investigations, aucun observateur, aucune série d'observa-

----

(¹) *Voir* ce que nous disons dans notre Préface de la prétendue obligation de présenter une explication quelconque de tous les faits véritablement prodigieux qui sont dignes d'exercer notre sagacité, et que nous constaterions tous les jours si nous observions avec plus d'intelligence le monde extérieur.

teurs n'ont été à même de constater ce fait dans un seul cas particulier. Nous sommes certains d'une chose, c'est que pas un auteur n'a relaté un exemple authentique de changement réel. Nous connaissons très bien, naturellement, la *sélection artificielle*, mais l'intervention de l'éleveur et du colombophile est la cause de ces modifications. C'est leur action volontaire qui l'effectue dans les croisements, par le soin avec lequel ils mettent en regard le mâle et la femelle convenables pour engendrer le produit dont ils ont besoin. Mais, dans la sélection naturelle, qu'est-ce qui joue le rôle de l'éleveur? A moins que le croisement ne soit préparé, le nouvel être ne sera jamais mis au monde. Qui est chargé de faire en sorte que les deux individus de sexe opposé qui errent dans la forêt primitive, et qui tous deux ont été assez heureux pour recevoir accidentellement la même variation avantageuse, se rencontreront jamais, condition nécessaire pour qu'il leur soit possible de transmettre à leur successeur ce bienfait du hasard? A moins que ce premier pas ne soit franchi, la modification résultant de leur union ne commencera jamais à se produire; et cependant il n'existe rien au monde pour assurer l'exécution de cette condition indispensable, rien que le pur hasard. La loi du calcul des probabilités remplit le rôle de l'éleveur et du colombophile. Que les bio-

logistes sont heureusement inspirés en réclamant
un temps énorme, incalculable, si ce ne sont que
les rencontres occasionnelles de couples d'êtres
portant une variation avantageuse, qui ont réalisé
successivement les changements nécessaires, pour
que notre arbre généalogique puisse remonter jusqu'à la Méduse. Évidemment la lutte pour l'existence et la survivance du plus digne assurent la
victoire de la race la plus forte sur la plus faible.
Mais que gagnerait le progrès universel à la création d'une espèce moins imparfaite? Le temps
manquerait pour accomplir l'ensemble de la méta-
morphose. Notre expérience ne nous a pas révélé
l'apparition d'une seule variation acquise dans
l'espace d'une vie humaine, et assez considérable
pour permettre à l'individu perfectionné de se
débarrasser de tous ses compétiteurs, soit en les
massacrant, soit en les réduisant par la famine.
Mais, à moins que la lutte pour l'existence ne
prenne ce caractère rapide et meurtrier, il n'y a
rien que le pur hasard pour permettre au fiancé
qui possède la variation avantageuse, et qui court
dans l'immensité de la forêt primitive, de rencon-
trer la fiancée pourvue d'une conformation analogue, et qui vit à l'autre extrémité de ce laby-
rinthe. Ce serait un singulier hasard, si l'un de
ces individus favorisés connaissait l'existence de
l'autre, un hasard bien plus extraordinaire en-

core, si chacun d'eux résistait à toute tentation de mésalliance! Cependant, à moins qu'ils ne montrent cette discrétion l'un et l'autre, le commencement d'une nouvelle race est tellement compromis, qu'on est excusable de ne point s'occuper de ce qui arrivera par la suite. Je pense donc que le professeur Weissmann a parfaitement raison de dire que nous ne pouvons, quelque ardeur que nous y mettions, nous représenter ce qui se passe dans la sélection naturelle.

Il semble étrange qu'un philosophe de la pénétration du professeur Weissmann accepte comme établie une série d'opérations dont il ne peut démontrer la vérité en détail, et dont il ne peut même concevoir la marche en bloc. La raison qu'il donne semble précisément de nature à fournir un exemple du danger auquel les chercheurs sont exposés de notre temps, l'acceptation de simples conjectures au lieu et place de vérités démontrées. Pourquoi ne pas confesser franchement qu'il n'est pas en notre puissance d'acquérir un savoir de certain genre. « Nous acceptons la sélection naturelle, dit-il, parce que nous y sommes *obligés*, parce que c'est la seule explication que nous puissions donner. » Comme homme politique, je connais très bien cet argument. Dans des luttes parlementaires, on dit souvent d'une proposition que l'on discute, qu'elle *tient la corde,*

qu'on doit l'accepter, parce que l'on n'a rien d'autre
à proposer. En politique, cette manière de raisonner peut être acceptée jusqu'à un certain point,
parce qu'il arrive quelquefois qu'il faut prendre
un parti, quoique aucun parti ne soit à l'abri
d'objection sérieuse. Mais cette espèce d'argumen-
tation ne saurait être admise en science. Nous ne
sommes point *obligés* de trouver une théorie, si les
faits observés ne nous en donnent point une bonne.
Aux énigmes que la nature nous propose, notre
profession d'ignorance est trop souvent la seule
réponse. Le nuage de mystères impénétrables qui
planent sur le développement de la vie est bien
plus épais encore autour de ses origines. Nous
aurions beau écarquiller nos yeux jusqu'au point
de les faire sortir de leur orbite, avec l'idée pré-
conçue que nous devons trouver une solution
quand même, nous ne découvririons rien du tout,
que les rêves de notre imagination. Pour justifier
sa foi dans la sélection naturelle, le professeur
Weissmann ajoute une autre raison, qui certainement est caractéristique de l'époque où nous vivons. « On ne peut pas comprendre qu'il y ait un
autre principe capable d'expliquer l'adaptation des
organismes sans faire intervenir un plan préa-
lable. » La roue du Destin apporte toujours la ven-
geance des opprimés. Il n'y a pas très longtemps
que la croyance dans l'existence d'un plan général

de la nature régnait d'une façon despotique. Même
ceux qui minaient son autorité avaient l'habitude
de commencer par lui rendre hommage afin de ne
pas blesser la conscience publique en refusant
d'en proclamer la réalité. Aujourd'hui, la révo-
lution est si complète que voilà un grand philosophe qui fait usage de ce principe jadis invio-
lable pour exécuter *une réduction à l'absurde!* Il
préfère croire ce qu'il ne peut démontrer en détail, ce qu'il ne peut concevoir en gros, plutôt que
de se rendre coupable d'hérésie en admettant un
principe aussi ridicule que l'intervention d'un
pouvoir régulateur.

J'accepte complètement la conclusion du professeur, que, si la sélection naturelle est rejetée,
nous n'avons d'autre ressource que de nous ra-
battre sur l'influence médiate ou immédiate d'un
ordre voulu régnant dans la nature.

Nous autres, à Oxford, nous ne trouvons pas cet
argument décisif pour accepter sa croyance. Je
suppose que ce sentiment est général dans toute
l'Angleterre, quelque imposants que soient les
noms qu'on ait imaginés pour la désigner. Je suis
plus porté à adopter la conviction qu'en expo-
sant les difficultés de la création automatique,
on ne fait qu'affaiblir l'influence qu'elle avait autrefois. Je préfère, dans cette matière, m'abriter
derrière le jugement du plus grand homme de

science qui se trouve parmi nous, de lord Kelvin, qui, il a plus de vingt ans, en 1871, occupait le fauteuil de la session d'Édimbourg. Je terminerai mon discours en lui empruntant ses propres paroles : « J'ai toujours senti, dit-il, que l'hypothèse de la sélection naturelle ne donne pas la vraie théorie de l'évolution, s'il est exact qu'il faille rechercher l'évolution dans la Biologie.... Je suis profondément convaincu que l'existence d'un plan a été trop souvent perdue de vue dans nos récentes spéculations zoologiques. Des preuves éclatantes d'une action intelligente, d'un dessein bienveillant sont multipliées autour de nous, et si jamais des doutes métaphysiques nous écartent temporairement de ces idées, elles reviennent avec une force irrésistible ; elles nous montrent la nature soumise à une volonté libre. Elles nous apprennent que toutes les choses vivantes dépendent d'un Créateur et d'un Maître éternel (¹). »

(¹) Lord Kelvin (alors sir William Thomson) termine son discours par les phrases que lui emprunte lord Salisbury. L'orateur de 1895 a supprimé, pour abréger sa citation, quelques paroles qu'il n'est pas sans intérêt de relater dans leur intégrité : « Sir John Herschell, en exprimant un jugement favorable sur l'hypothèse de l'évolution zoologique (avec quelques réserves pour l'origine de l'homme), reproche à la doctrine de la sélection naturelle de ressembler par trop à la méthode que l'on employait à La-

Il est d'usage, en Angleterre, que l'Assemblée qui a entendu un discours remercie l'orateur par un vote formel toutes les fois que l'ensemble des sentiments exprimés répond à ceux des auditeurs. La résolution est généralement proposée par une des personnes les plus marquantes qui ont assisté à la séance. Avant d'être mise aux voix, elle doit être secondée par un autre membre. Lorsque le vote est proposé et soutenu par des hommes du mérite de ceux qui se sont fait entendre après lord Salisbury, les improvisations qu'ils prononcent ainsi sous l'impression des paroles de l'orateur sont un essentiel complément du discours principal, et en forment le plus utile commentaire.

A peine lord Salisbury avait-il repris son siège que lord Kelvin se lève pour proposer ce qu'on nomme le Vote *of Thanks* (¹).

Il déclare que le discours que l'on vient d'en-

---

puta (*) pour faire des livres; il ajoute qu'elle ne tenait point assez compte de l'action continue d'une intelligence guidant la nature. Cela me paraît une critique ayant beaucoup de valeur, et fort instructive. Je suis persuadé que dans les spéculations zoologiques récentes on a trop perdu de vue l'existence d'un plan préconçu. La réaction contre les frivolités de la téléologie, telles qu'on les trouve fréquemment dans les notes des savants commentateurs de la *Théologie naturelle* de Paley, a eu, je pense, l'effet de détourner temporairement l'attention des arguments solides et irréfutables, que l'on rencontre dans cet excellent Ouvrage. » Le reste est comme dans le texte de lord Salisbury.

(¹) Ou de remerciements.

(*) Second voyage de Gulliver. Description satirique de l'Académie de cette ville, où l'on compose des livres en extrayant des mots isolés de grandes roues analogues à celles qui servent pour le tirage des loteries officielles.

tendre a ouvert une vaste région à la raison et à
la pensée. L'orateur a évoqué devant ses auditeurs la science du moyen âge, il leur a montré
ce qu'était celle d'Oxford au commencement du
siècle. Dans cette revue rapide, il a constaté qu'Oxford s'est toujours tenu au niveau des progrès
accomplis de tout temps. Les membres de cette
illustre Université n'ont pas manqué à leur devoir
vis-à-vis de l'œuvre de Darwin, qui a appris aux
hommes à penser et à exprimer leurs idées de la
façon qui leur paraissait le plus conforme à la vérité. Les méthodes biologiques n'ont point été tout
à fait imaginées par Darwin, mais elles ont reçu
dans ses mains un si grand développement, que
cet homme illustre a rendu d'immenses services,
non seulement à la Science, mais à la religion et
à l'esprit humain. Le Président a aussi traité de
la science de la matière, de la question des corps
élémentaires, et de la nécessité de nouvelles recherches pour jeter plus de lumière sur ces sujets
obscurs. Lord Salisbury a apporté devant cette
grande assemblée une abondante moisson de résultats brillants, et bientôt cette masse de faits
produira un mouvement intellectuel. (*Applaudissements.*) Il a également essayé de dissiper une illu-
sion populaire, qui consiste à s'imaginer que les
laboureurs des champs de la Science ne connais-
saient plus de mystères, et qu'ils n'éprouvaient

jamais le moindre doute. Lord Salisbury a montré qu'il y a des choses que l'homme de science ne sait point. Il ignore les mystères des atomes chimiques, de l'éther, de la force électrostatique, et bien d'autres. Mais il existe un mystère plus grand que tous ceux qui peuvent obscurcir les théories physiques, et ce mystère est celui de la volonté humaine. (*Applaudissements.*) Dans tout le discours de lord Salisbury brillait l'esprit de l'homme qui étudie, l'esprit de l'homme qui cherche, l'esprit de l'homme qui ne se contente point d'avoir conquis une province de la Science, quelque important que puisse être cette province, mais qui s'intéresse à toutes, et qui sait se passionner pour toute forme d'investigation rationnelle (1). Lord Salisbury a consacré ses facultés les plus puis-

---

(1) En effet, lord Salisbury a commencé sa carrière politique à l'âge de vingt-trois ans. En 1853 il fut nommé non seulement agrégé au Collège d'All Souls d'Oxford, mais membre du Parlement pour le bourg de Hamford. En 1858, à la mort de son père, il hérita du marquisat et entra à la Chambre des Lords. En 1866, il fut nommé secrétaire d'État pour l'Inde, poste dont il se démit à cause de ses opinions sur le Reform Bill que présentait le cabinet dont il faisait partie. Il fut bientôt élu chancelier de l'Université d'Oxford. En 1874, il fut nommé une seconde fois secrétaire pour l'Inde, et en 1876, il représenta l'Angleterre à la Conférence de Constantinople. Depuis lors il a été ministre chaque fois que le parti conservateur dont il était le leader est revenu aux affaires.

santes à la science du gouvernement des sociétés humaines. S'il avait suivi ses goûts personnels, sans aucun doute le Président de l'Association aurait préféré se mettre au service de la Chimie ou de toute autre branche de la Philosophie naturelle. Chacun ici admire le dévouement des hommes qui se consacrent aux affaires publiques. En présence de l'importance de la multiplicité de ses engagements politiques, tous les membres de l'Association sentent qu'ils ont contracté une dette vis-à-vis de lord Salisbury, qui a trouvé moyen de venir passer parmi eux quelques jours. En conséquence, il propose un vote de remerciements à lord Salisbury, pour cette adresse si instructive et si profondément intéressante.

Après que les applaudissements se furent calmés, le professeur Huxley, dont la Science déplore en ce moment la perte récente, prit à son tour la parole pour seconder la motion de son prédécesseur dans la fonction de président de la Société Royale.

L'orateur se félicite d'avoir été chargé de la très honorable mission de seconder une proposition qu'il approuve si cordialement. Cette circonstance lui fait regretter, beaucoup plus qu'il ne l'a fait jusqu'ici, de n'avoir pu assister aux meetings de l'Association depuis un grand nombre d'années. Mais son abstention n'a jamais été volontaire, elle n'a tenu qu'à son impuissance physique. Il craint que cette longue absence ne l'ait rendu étranger aux habitudes actuelles de l'Association, et il aura recours à sa mémoire pour se rappeler ce qui s'est passé dans les temps presque préhistoriques, lorsque l'Association s'est réunie la dernière fois à Oxford. Après avoir erré pendant quarante ans dans le désert, elle est revenue à une excellente garnison. C'est sur ses souvenirs qu'il compte pour s'acquitter complètement des devoirs qui lui incombent en soutenant un vote de remerciements. Autant qu'il peut s'en souvenir, les discours étaient alors de deux espèces à l'Association Britannique. On en prononçait de la première dans les occasions semblables à la présente, et les orateurs se levaient avec l'intention d'agir autrement que Marc-Antoine. En effet, tous se présentaient à la tribune bien décidés à louer César, et à ne point l'enterrer, à moins que ce ne fût sous des éloges (*Rires*) (¹). Mais on réservait les discours de la seconde espèce pour les sec-

---

(¹) C'est une allusion à la tragédie de *Jules César*, par Shakespeare. Pour expliquer aux Romains pourquoi il a poignardé César, Brutus commence par faire son éloge. Marc-Antoine, qui prend ensuite la parole, déclare qu'il n'est pas seulement venu pour faire l'éloge de César, mais pour présider à ses funérailles. Il excite la colère du peuple contre les conjurés qui avaient été assez naïfs pour lui laisser prendre la parole. Ce passage est l'un des plus beaux de tout le théâtre anglais.

tions, où les membres étaient beaucoup plus oc-
cupés d'extermination que d'adulation mutuelle.
(*Nouveaux rires.*)

Il craignait que de ce côté les habitudes de l'Association n'aient pas beaucoup changé, et, en 'écou-
tant le discours si plein d'intérêt du Président,
cette pensée avait plus d'une fois surgi dans son
esprit. Il s'était représenté tout l'intérêt qu'au-
ront probablement les discussions de la section de
Biologie. Cependant, la dernière chose qu'il ferait
serait de parler devant cette réunion générale
comme s'il s'adressait à une section. Il y a bien
des passages dans le discours de lord Salisbury,
qu'il admire beaucoup plus qu'on ne pourrait
l'imaginer. Étant une des personnes qui, depuis
longtemps, se sont pas mal servies de ce mot
commode *évolution* (*Rires*), il prendra la liberté de
rappeler qu'il y a trente-quatre ans, une discussion importante à laquelle le Président a fait allusion fut soulevée. Elle eut lieu, dans une des sections, sur ce que l'on appelle fréquemment la
Question du Darwinisme. Cependant, dans cette section, on ne discuta pas la *Question du Darwinisme,*
mais la *Question de ce qui se trouve dessous le Darwinisme* (¹), question beaucoup plus profonde, qui

---

(¹) Le très révérend Samuel Wilberforce, évêque d'Oxford, qui, en 1860, attaqua avec vigueur le Darwinisme,

est la *Question de l'évolution*. Ce mot, tel qu'il est appliqué par les biologistes, possède une signification excessivement nette et précise. Du petit nombre d'hommes qui ont insisté alors pour obtenir une discussion loyale, il n'en voit plus, à son grand regret, qu'un seul dans cette assemblée : c'est son vieil ami, M. John Lubbock ([1]).

---

ne s'occupe pas du point de vue scientifique, mais des dessous moraux du Darwinisme qu'il accuse de ruiner la famille et d'ébranler la religion.

([1]) Même en 1860, époque où M. Huxley défendait Darwin avec le plus de passion, il faisait en quelque sorte bon marché de la sélection naturelle. Ce n'était que sur la question de *l'évolution* qu'il avait pris l'attitude intransigeante que l'on voit percer dans son dernier discours.

Outre sir Lubbock, il se trouvait encore dans le théâtre sheldonien d'anciens membres de l'Association. M. Huxley ne les avait pas reconnus, mais ils se rappelaient aussi bien que lui les scènes auxquelles il faisait allusion. Un de ces vétérans a publié dans *Nature* un récit des plus intéressants de la séance de la section de Biologie, où l'évêque fit sa sortie contre le Darwinisme. C'était le 30 juin, un samedi, jour consacré aux grandes excursions, et où les salles de sections sont désertes. Celle de la Biologie était envahie par une foule immense. Lorsque l'évêque cessa de parler, un enthousiasme incroyable éclata de toutes parts, les dames agitaient leurs mouchoirs. Huxley se leva au milieu d'un silence de mort, que quelques timides applaudissements, partis d'un petit groupe de fidèles, rendaient plus glacial encore. L'orateur darwiniste accepta le combat sur le terrain que l'évêque avait choisi. Son début fut un chef-d'œuvre du genre insinuant. Il ne

Il en existe un autre, sir Joseph Hooker (¹), qui, quoique n'étant point dans cette enceinte, supporte vaillamment le poids des années. La *doctrine* pour laquelle ces hommes luttaient était celle de la mutabilité de l'espèce, et l'idée que la grande variété des formes du règne animal provenait de la modification graduelle et naturelle d'un nombre relativement restreint de formes primitives. C'est parce qu'ils défendaient ces doctrines que la plupart de leurs concitoyens les considéraient comme des gens désireux de saper les fondements de la morale et de la religion. (*Rires.*) C'est parce qu'ils professaient ces opinions scientifiques qu'on a dit que la généalogie de quelques-uns d'entre eux était plus courte qu'ils ne l'ima-

---

s'échauffa que graduellement; mais, lorsqu'il crut avoir suffisamment conquis la faveur de son auditoire, il laissa prendre à son éloquence toute la fougue des sermons laïques qui l'ont rendu si justement célèbre. L'assemblée se laissa toucher; des applaudissements de plus en plus nombreux éclatèr Lorsqu'il reprit son siège. il fut salué par des acclamat. as presque aussi vives que celles qui avaient accompagné la péroraison de son adversaire.

(¹) Sir Joseph Hooker est un ancien directeur du Jardin de Kew, qui a fait partie de l'expédition polaire australe de la *James Ross*, en 1839. Il assistait le 29 juillet dernier au meeting du Congrès international de Géographie de Londres, et a prononcé un éloquent discours en faveur d'expéditions nouvelles dans des régions d'un abord si difficile.

ginaient et qu'on pouvait trouver leur descendance
d'espèces animales peu relevées. (*Rires.*) Dans les
trente-quatre années qui se sont passées depuis
cette époque, l'opinion de l'Association Britannique, quel que soit le sort de l'évolution ailleurs,
a subi une évolution rapide. En effet, n'est-il pas
prouvé, établi par l'adresse présidentielle même,
à laquelle ils ont prêté tous une attention si sou-
tenue, que la doctrine de l'immutabilité de l'espèce était morte et complètement abandonnée.
Il a trouvé, du reste, que beaucoup de personnes
admettent maintenant que des animaux offrant
des différences supérieures à celles qui distinguent
les espèces viennent cependant d'un ancêtre commun. Telles étaient déjà leurs propositions. Tels
sont les principes fondamentaux de la doctrine de
l'évolution. Le Darwinisme n'est point l'évolution,
ni le Spencerisme, ni l'Hœckelisme, ni le Weissma-
nisme, mais toutes ces doctrines ont été construites
sur l'évolution qu'ils ont défendue pendant tant
d'années, et sur laquelle le Président a placé ce
soir le sceau de son autorité. (*Applaudissements.*)
On doit comprendre avec quelle satisfaction il
enregistre l'arrivée d'une recrue aussi distinguée.
(*Rires et applaudissements.*) Il termine en remer-
ciant le Président, non pas seulement en son nom
personnel, mais pour les soldats de la vieille garde
de Darwin qui sont encore de ce monde, il n'ou-

bliera jamais le charmant et gracieux éloge qu'il vient d'entendre de ce grand homme. « Lorsqu'on atteint l'âge auquel je suis actuellement arrivé, on éprouve un plus grand plaisir en entendant faire un tel éloge d'un savant qui l'a si bien mérité, que d'assister à la vérification d'une prédiction scientifique qu'on aurait émise dans sa jeunesse. » (*Rires et applaudissements.*)

Le vote de remerciements ayant été accepté avec beaucoup d'enthousiasme, lord Salisbury se leva pour reconnaître l'honneur qu'on venait de lui faire.

« Je vous remercie du fond du cœur, dit Sa Seigneurie, pour la manière aimable dont vous avez accepté la proposition que viennent de vous faire deux éminents orateurs. Je vous ai déjà retenus si longtemps que je ne profiterai pas de cette occasion pour ajouter quelque chose, quoique j'eusse désiré insister sur plusieurs passages du discours de M. Huxley plutôt dans le but d'en faire l'éloge que d'en présenter la critique. Je dirai cependant, à la suite de cette exposition de ses opinions, que ce qu'il vient de dire me confirme dans une idée que j'ai conçue depuis longtemps. Si dans les sujets de leur compétence et de leur spécialité, des hommes de science semblent différer d'une façon si surprenante, c'est parce qu'ils ne commencent pas par déterminer avec assez de soin la valeur respective des mots dont ils font usage (¹). »

(¹) La discussion que laissait entrevoir le discours de M. Huxley ne parait pas s'être produite dans le sein des sections D et I où il pouvait être question du Darwinisme. La section D, consacrée à la Biologie, est divisée en deux sous-sections : la Botanique et la Zoologie. La section I, rétablie en 1874, après avoir été longtemps supprimée, est consacrée à la Physiologie. Le président de la section D fit son discours sur la Sylviculture en Angleterre, et le président de la section I se préoccupa surtout de la vivisection. Cependant quelques Mémoires intéressants ayant trait au Darwinisme furent présentés. L'un des plus curieux est celui du professeur C. V. Riley, qui étudie l'organisation des insectes sociaux au point de vue de la théorie et de l'évolution. L'auteur adopte entièrement le point de vue de lord Salisbury. Il montre l'influence prodigieuse de la sélection *artificielle* dans l'élevage, car les nourrices des termites produisent à leur gré des femelles, des mâles, ou des neutres, et, dans quelques espèces, ces neutres peuvent même, suivant les besoins de la société, devenir des ouvriers ou des soldats. Mais le discours de lord Salisbury a été attaqué dans plusieurs Revues, notamment par M. Herbert Spencer, en même temps que les Ouvrages de son neveu Arthur James Balfour; ce philosophe, qui a écrit la *Défense du doute philosophique* et les *Fondements de la croyance*, professe des opinions politiques et philosophiques analogues à celles de son oncle. Il fait partie, en qualité de premier lord de la Trésorerie, du nouveau cabinet unionniste où tout porte à croire qu'il jouera un rôle important. Espérons que les succès de sa carrière politique ne lui feront pas perdre de vue ceux qu'il a obtenus dans la plus difficile et la plus dangereuse de toutes les spécialités.

FIN.

Documents manquants (pages, cahiers...)
NF Z 43-120-13